ANAS EL AZIZI EL ALAOUI

Transformação urbana num mundo globalizado:

ANAS EL AZIZI EL ALAOUI

Transformação urbana num mundo globalizado:

Para uma compreensão mais profunda da dualidade espacial entre cidades antigas e contemporâneas

ScienciaScripts

Imprint
Any brand names and product names mentioned in this book are subject to trademark, brand or patent protection and are trademarks or registered trademarks of their respective holders. The use of brand names, product names, common names, trade names, product descriptions etc. even without a particular marking in this work is in no way to be construed to mean that such names may be regarded as unrestricted in respect of trademark and brand protection legislation and could thus be used by anyone.

Cover image: www.ingimage.com

This book is a translation from the original published under ISBN 978-620-6-71614-3.

Publisher:
Sciencia Scripts
is a trademark of
Dodo Books Indian Ocean Ltd. and OmniScriptum S.R.L publishing group

120 High Road, East Finchley, London, N2 9ED, United Kingdom
Str. Armeneasca 28/1, office 1, Chisinau MD-2012, Republic of Moldova, Europe
Printed at: see last page
ISBN: 978-620-7-84819-5

TRANSFORMAÇÕES URBANAS NUM MUNDO GLOBALIZADO: PARA UMA COMPREENSÃO MAIS PROFUNDA DA DUALIDADE ESPACIAL ENTRE CIDADES ANTIGAS E CONTEMPORÂNEAS

ANAS EL AZIZI EL ALAOUI [1]

RESUMO

No contexto da globalização urbana, as cidades enfrentam grandes desafios na gestão da dualidade espacial entre a cidade antiga e a cidade contemporânea. Por um lado, a cidade antiga é parte integrante da identidade e do património urbanos, incorporando o tecido urbano tradicional e a arquitetura patrimonial que reflectem os valores e os símbolos de identidade da sociedade. No entanto, esta cidade antiga enfrenta grandes desafios, como a pobreza, o desemprego e a exclusão social e económica, que ameaçam a erosão da sua identidade e do seu património urbano. Por outro lado, a cidade contemporânea é uma montra da modernidade e do progresso, caracterizada por edifícios modernos e infra-estruturas de ponta, encarnando as aspirações de inovação e desenvolvimento económico. No entanto, a cidade contemporânea está a provocar mudanças radicais nos estilos de vida e nos valores sociais, o que pode dar origem a tensões sociais e culturais. Além disso, estão a surgir tensões e contradições entre as duas cidades relativamente à utilização do solo e dos recursos, exacerbando as clivagens sociais e económicas e ameaçando a coesão da sociedade.

Palavras-chave: Globalização urbana, dualidade espacial, cidade antiga, cidade contemporânea, identidade urbana, património urbano, marginalização, desenvolvimento económico, coesão social, tensões sociais e culturais.

INTRODUÇÃO

A globalização provocou profundas transformações urbanas, moldando significativamente a paisagem das cidades em todo o mundo. Esta dinâmica complexa criou uma clara dualidade espacial entre as cidades antigas, com o seu rico património histórico, e as cidades contemporâneas, emblemáticas da modernidade. Como salientam Béal, Rousseau e Vignon (2018, p. 11), "a globalização está a produzir uma aceleração no ritmo da transformação urbana, resultando numa divisão crescente entre espaços herdados e contemporâneos". Por um lado, as cidades antigas, impregnadas de uma longa história, incorporam uma identidade distinta e um valioso património cultural. No entanto, como observam Djament-Tran e Fagnoni (2015, p. 8), "a globalização está a exercer uma pressão crescente sobre estes espaços patrimoniais, pondo em causa a sua autenticidade e singularidade". Por outro lado, as cidades contemporâneas, caracterizadas por uma arquitetura arrojada e por infra-estruturas de ponta, simbolizam o progresso e a inovação, mas têm por vezes dificuldade em integrar-se harmoniosamente no tecido urbano existente (Gravari-Barbas & Veschambre, 2005): Como conciliar a preservação do nosso património histórico com o imperativo do desenvolvimento urbano contemporâneo? Quais são as estratégias para integrar estas duas vertentes de forma sustentável? Como garantir a coesão social e territorial nestes espaços urbanos contrastantes? Como garantir a coesão social e territorial nestas zonas urbanas contrastantes? Perante estes desafios, é fundamental aprofundar a compreensão das dinâmicas multidimensionais em jogo, a fim de desenvolver abordagens integradas e políticas urbanas adequadas, capazes de valorizar harmoniosamente o património histórico e de aproveitar as oportunidades oferecidas pela modernidade. Uma reflexão aprofundada sobre esta dualidade espacial é essencial se quisermos moldar cidades que sejam sustentáveis, inclusivas e respeitadoras da sua identidade, no contexto em mudança da globalização urbana.

1. A GLOBALIZAÇÃO: DINÂMICAS MULTIDIMENSIONAIS QUE MOLDAM O URBANO GLOBAL

Paisagem globalização A globalização caracteriza-se por   fluxos transnacionais de ideias, capital, bens, serviços e pessoas que transcendem as fronteiras geográficas. Este fenómeno multidimensional é moldada   por factores económicos, como a liberalização do comércio e o surgimento de empresas multinacionais, mas também por factores socioculturais, como a difusão de estilos de vida e padrões de consumo. Os progressos tecnológicos, nomeadamente no domínio dos transportes e das comunicações, desempenharam também um papel fundamental na facilitação da circulação global d e pessoas, informações e capitais. Sob o efeito combinado destas dinâmicas, as cidades tornaram-se pólos estratégicos da globalização, concentrando actividades económicas de   As cidades, sob o efeito combinado destas dinâmicas, tornaram-se pólos estratégicos da globalização, concentrando actividades económicas, infra-estruturas de comando e fluxos migratórios, ao mesmo tempo que têm de fazer face a novas disparidades socioespaciais.

1.1 Definição global de globalização urbana: o fluxo recíproco de ideias, práticas e actividades através das fronteiras

A globalização urbana refere-se a um processo multidimensional em que as cidades se tornaram nós fundamentais numa rede mundial de intercâmbios e interacções. Este fenómeno envolve uma circulação intensa e recíproca de ideias, práticas e actividades económicas, sociais e culturais para além das fronteiras nacionais (Saskia Sassen, 2001, p. 37). Trata-se de uma dinâmica complexa que transcende as fronteiras geográficas tradicionais, promovendo uma crescente interligação entre espaços urbanos à escala global. De acordo com Marie-Christine Fourny (2008, p. 12), a globalização urbana caracteriza-se por "fluxos multiformes de informação, capital, bens, serviços e pessoas à escala planetária, ligando as cidades numa vasta rede global". Esta definição evidencia a natureza multidimensional do processo, englobando não só os fluxos económicos, mas também os fluxos sociais, culturais e humanos. Para Dominique Lorrain (2011, p. 23), a globalização urbana é "um processo pelo qual as cidades são integradas em redes globais de intercâmbio de bens, serviços, informações, capitais e pessoas". Este autor sublinha a importância das redes globais em que as cidades se entrelaçam, permitindo a circulação intensa e multidirecional de vários recursos e actividades.

Figura (01): A globalização em ação e em debate

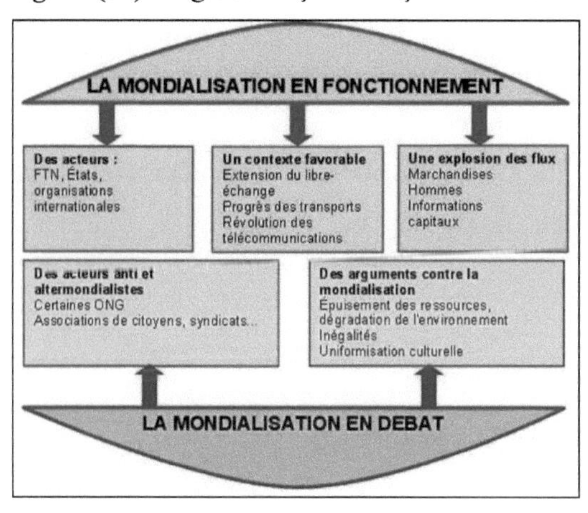

Fonte : http://thehumbertaker.wifeo.com/chapitre-2-geographie-ts.php

Nesta perspetiva, a globalização urbana pode ser vista como um fenómeno em que as fronteiras espaciais e temporais se esbatem, permitindo uma interpenetração de culturas, estilos de vida e práticas em todo o mundo (Cynthia Ghorra-Gobin, 2015, p. 8). As cidades estão a tornar-se encruzilhadas cosmopolitas onde as influências locais e globais se encontram e se misturam, dando origem a dinâmicas urbanas únicas e em constante evolução.

1.2 Mecanismos da globalização urbana: forças motrizes multidimensionais

A globalização urbana é um processo alimentado por uma constelação de forças motrizes multidimensionais, que estão a moldar profundamente a dinâmica e a paisagem das cidades em todo o mundo. Os principais motores incluem os fluxos económicos e financeiros transcontinentais, impulsionados pela liberalização do comércio, a desregulamentação do mercado e a ascensão das empresas multinacionais.

A revolução das tecnologias da informação e da comunicação também desempenhou um papel decisivo, facilitando a circulação instantânea de dados, capitais e ideias e redefinindo a relação entre espaço e tempo nas metrópoles do mundo.

Simultaneamente, as migrações internacionais e a crescente mobilidade humana conduziram a uma reconfiguração demográfica das zonas urbanas, confrontando as cidades com novos desafios de integração social e cultural. As forças combinadas da globalização económica, tecnológica e humana remodelaram profundamente as paisagens, os fluxos e as dinâmicas das cidades contemporâneas.

1.2.1 Fluxos económicos e financeiros transcontinentais: o seu impacto na estrutura urbana

Os fluxos económicos e financeiros transcontinentais são um aspeto fundamental da globalização urbana, exercendo uma profunda influência na estrutura e dinâmica das cidades em todo o mundo. Estes fluxos, facilitados pela liberalização do comércio e pela crescente integração dos mercados, conduziram a uma reconfiguração das paisagens urbanas, tanto a nível físico como funcional.De acordo com Cynthia Ghorra-Gobin (2015, p. 42), "as cidades tornaram-se nós estratégicos nas redes globais de produção, comércio e finanças, atraindo investimentos de elevado valor e valor acrescentado de actividades económicas". Esta concentração de fluxos de capital e de actividades económicas levou a uma reestruturação das áreas urbanas, com o surgimento de distritos empresariais, zonas comerciais e centros financeiros de ponta. Esta dinâmica é reforçada pela crescente mobilidade das empresas multinacionais, que procuram otimizar a sua presença em cidades estratégicas. Como refere Saskia Sassen (2001, p. 78), "as empresas multinacionais têm desempenhado um papel fundamental na reestruturação das cidades, deslocalizando as suas actividades e criando novos pólos de atração económica". Este processo conduziu também a uma transformação física das cidades, com a construção de arranha-céus, complexos habitacionais e infra-estruturas de transporte modernas para responder às necessidades das empresas e dos investidores (Marie-Christine Fourny, 2008, p. 37). Estes desenvolvimentos foram muitas vezes acompanhados por processos de gentrificação e de deslocação da população, pondo em evidência as tensões sociais e espaciais inerentes à globalização urbana. Ao mesmo tempo, os fluxos financeiros favoreceram a emergência de centros financeiros mundiais, como Londres, Nova Iorque e Hong Kong, que concentram uma grande parte das actividades de serviços financeiros e de gestão de capitais (Dominique Lorrain, 2011, p. 112). Estas cidades tornaram-se pólos estratégicos para o investimento internacional, atraindo mão de obra qualificada e infra-estruturas de ponta. No entanto, estas transformações urbanas impulsionadas pelos fluxos económicos e financeiros não estão isentas de impactos sociais e ambientais. Como refere Jacques Lévy (2008, p. 68), "a globalização económica conduziu a uma maior fragmentação espacial e social das cidades, com uma polarização crescente entre zonas ricas e zonas desfavorecidas".

Mapa (01) : Pólos e fluxos da globalização

Fonte :https://h-g.jimdofree.com/ts-g%C3%A9o/th%C3%A8me-2-les-
dynamiques-de-la-mondialisation/la-mondialisation-acteurs-flux- d%C3%A9bats/

1.2.2 A revolução das tecnologias da informação e da comunicação: Remodelação dos espaços urbanos

A revolução das tecnologias de informação e comunicação (TIC) transformou profundamente as dinâmicas urbanas, redefinindo os conceitos de espaço e tempo nas cidades. De acordo com Manuel Castells (1998, p. 379), "as novas tecnologias de informação estão na origem da formação de espaços de fluxos que estão gradualmente a substituir o espaço dos lugares". Esta noção de espaços de fluxos refere-se a redes digitais que transcendem as fronteiras físicas e permitem a rápida circulação de informação, capital e pessoas.Neste contexto, as cidades tornaram-se nós-chave nestas redes digitais, concentrando infra-estruturas e serviços de TIC. Como salienta Cynthia Ghorra-Gobin (2015, p. 92), "as cidades transformaram-se em plataformas tecnológicas interligadas, oferecendo um ambiente propício ao desenvolvimento de actividades ligadas à economia digital".

Esta dinâmica levou ao aparecimento de pólos tecnológicos urbanos, como o Silicon Valley nos Estados Unidos ou a Cité Numérique em Brest, França. Estas zonas concentram empresas de alta tecnologia, centros de investigação e start-ups inovadoras, criando ecossistemas propícios à inovação e ao crescimento económico (Pierre Veltz, 2000, p. 147).

Ao mesmo tempo, as TIC permitiram novas formas de trabalho e estilos de vida, como o teletrabalho e o comércio eletrónico, que remodelaram os padrões de mobilidade e de utilização dos espaços urbanos. Como salienta Jacques Lévy (2008, p. 112), "as TIC favoreceram a dispersão das actividades económicas e puseram em causa os modelos tradicionais de centralidade".

No entanto, esta revolução digital também levanta questões em termos de acesso equitativo às infra-estruturas e serviços das TIC. Como salientam Marie-Christine Fourny e Marie-Flore Mattei (2010, p. 67), "a fratura digital é uma realidade em muitas cidades, onde alguns bairros estão desligados das redes digitais, reforçando as desigualdades sociais e espaciais". Assim, a remodelação dos espaços urbanos pelas TIC coloca desafios em termos de planeamento e desenvolvimento, exigindo uma abordagem integrada e sustentável para garantir um acesso equitativo às tecnologias e uma distribuição equilibrada dos benefícios da revolução digital.

1.2.3 Migração e mobilidade humana global: desafios e oportunidades para as cidades

Os fluxos migratórios e a mobilidade humana à escala mundial tornaram-se uma componente essencial da globalização urbana, moldando profundamente as paisagens sociais, culturais e económicas das cidades. Este fenómeno multidimensional suscita desafios e oportunidades para as zonas urbanas.

De acordo com Cynthia Ghorra-Gobin (2015, p. 125), "as cidades tornaram-se centros de mobilidade internacional, atraindo migrantes económicos, refugiados e trabalhadores altamente qualificados". Esta diversidade de perfis migratórios conduziu a uma reconfiguração das dinâmicas demográficas e sociais nas cidades. Por um lado, a migração de mão de obra pouco qualificada tem sido frequentemente associada a problemas de integração, habitação precária e segregação espacial. Como refere Catherine Withol de Wenden (2013, p. 87), "os bairros desfavorecidos das grandes cidades são frequentemente o lar de populações imigrantes que enfrentam dificuldades no acesso à habitação, ao emprego e aos serviços públicos".

No entanto, a migração de trabalhadores altamente qualificados, atraídos pelas oportunidades económicas oferecidas pelas cidades, também ajudou a moldar as paisagens urbanas. Saskia Sassen (2001, p. 192) salienta que "as cidades globais atraem uma mão de obra qualificada e cosmopolita, criando espaços multiculturais e fomentando a inovação e a criatividade". Esta diversidade cultural também teve um impacto nas paisagens urbanas, com o surgimento de bairros étnicos, lojas e locais de culto que reflectem a riqueza das identidades dos migrantes. Como refere Emmanuel Ma Mung (2009, p. 32), "a migração transformou as cidades em verdadeiros mosaicos culturais, onde as identidades se misturam e se confundem".

Mapa (01) : Fluxos migratórios

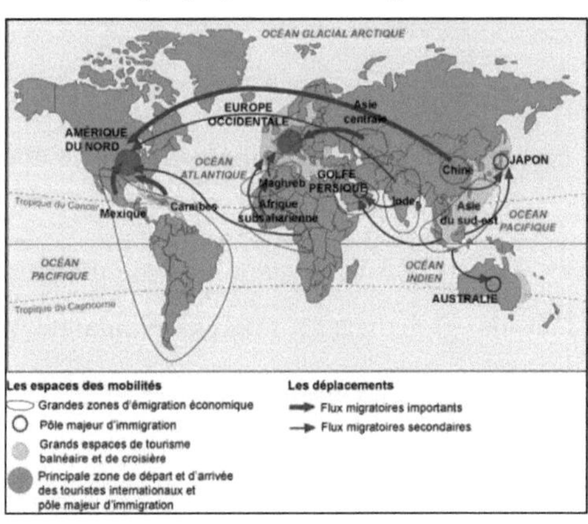

Fonte: https://www.maxicours.com/se/cours/les-migrations-et-le- tourisme-dans-le-monde/

No entanto, estas transformações urbanas induzidas pela migração também levantam questões em termos de coesão social, gestão da diversidade e acesso equitativo aos serviços públicos. Como salienta Naïk Miret (2018, p. 112), "as políticas de integração e inclusão dos migrantes nas cidades são cruciais para evitar tensões sociais e promover a coexistência harmoniosa de diferentes comunidades". A mobilidade humana global representa tanto um desafio como uma oportunidade para as cidades, exigindo estratégias de planeamento e desenvolvimento adequadas para capitalizar a riqueza cultural e económica da migração, promovendo simultaneamente a coesão social e o acesso equitativo aos recursos urbanos.

2. DUALIDADE ESPACIAL NAS CIDADES: CONTRASTES ENTRE PASSADO E PRESENTE

Enquanto espaço vivo e evolutivo, a cidade reflecte as transformações sociais, económicas e culturais que moldam a nossa sociedade. Ao longo do tempo, sofre metamorfoses, transportando consigo os vestígios do passado e as aspirações do presente. Esta dualidade espacial, marcada por contrastes marcantes entre os legados históricos e as realidades contemporâneas, é uma caraterística intrínseca do ambiente urbano. É precisamente esta tensão entre passado e presente que confere às cidades a sua riqueza e complexidade, constituindo um terreno fértil para a exploração das dinâmicas subjacentes à sua constante evolução.

2.1 A cidade velha: raízes históricas profundas e um rico património urbano

As cidades antigas são depositárias de um património histórico inestimável, testemunhas vivas de épocas passadas e das civilizações que as moldaram. Trazem as marcas indeléveis do tempo, gravadas nas suas ruas, nos seus monumentos majestosos e na sua arquitetura emblemática. Estes tesouros urbanos, fruto de uma longa evolução, são as raízes profundas que ancoram as cidades no seu passado, conferindo-lhes uma identidade única e uma riqueza patrimonial inigualável. Explorar estes bairros históricos é mergulhar numa viagem através dos tempos, onde cada pedra conta uma história e cada edifício testemunha o engenho e a criatividade humana ao longo dos séculos.

2.1.1O tecido urbano tradicional e a arquitetura patrimonial: valores e símbolos de identidade

As cidades antigas possuem um rico património histórico e cultural, materializado no seu tecido urbano tradicional e na sua arquitetura patrimonial.

Estes elementos tangíveis e intangíveis são marcadores de identidade colectiva, transmitindo valores e símbolos profundamente enraizados na memória das comunidades. Segundo Françoise Choay (1992, p. 159), "o património urbano antigo é o testemunho insubstituível de uma determinada cultura, é o portador dos valores estéticos e espirituais que estão na base da identidade de cada cidade". O tecido urbano tradicional, constituído por ruas estreitas e sinuosas, praças animadas e edifícios antigos, reflecte a evolução histórica da cidade e testemunha os modos de vida passados. Como salienta Pierre Merlin (2010, p. 231), "a morfologia urbana tradicional é o resultado de uma longa estratificação de formas e práticas, moldada por condicionalismos geográficos, técnicas de construção e tradições culturais". A arquitetura patrimonial reveste-se de uma importância simbólica particular. Os monumentos, os edifícios religiosos, os palácios e as antigas mansões encarnam a memória colectiva e as aspirações artísticas de uma época. Para além da sua dimensão material, estes elementos patrimoniais estão investidos de valores imateriais, como a ligação emocional, o sentimento de pertença e o orgulho identitário. Françoise Navez-Bouchanine (2002, p. 42) salienta que "o património urbano antigo é um poderoso vetor de identificação colectiva, reforçando a ligação entre os habitantes e o seu ambiente construído". No entanto, a preservação deste património urbano enfrenta muitos desafios, tais como a pressão imobiliária, a deterioração dos edifícios e os constrangimentos associados ao desenvolvimento urbano. Como salientam Jean-Claude Driant e Meriem Chabou (2015, p. 127), "a salvaguarda do património urbano antigo exige uma abordagem integrada, conciliando os imperativos da conservação com as necessidades do desenvolvimento urbano sustentável". Assim, o tecido urbano tradicional e a arquitetura patrimonial são elementos essenciais da identidade e da memória colectiva das cidades antigas, exigindo esforços sustentados para os preservar e valorizar, a fim de transmitir este património às gerações futuras.

2.1.2 Desafios sociais e económicos: pobreza, desemprego e marginalização

Apesar do seu rico património histórico e cultural, as cidades mais antigas enfrentam frequentemente grandes desafios sociais e económicos. Estas questões estão estreitamente ligadas à dinâmica da transformação urbana e aos desafios do desenvolvimento sustentável. A pobreza urbana é uma realidade persistente em muitas cidades mais antigas, onde coexistem bolsas de precariedade e exclusão social. Como salienta François Ascher (2008, p. 95), "os centros históricos das cidades albergam frequentemente populações desfavorecidas confrontadas com condições de habitação precárias, acesso limitado a serviços básicos e oportunidades económicas limitadas".

Esta situação é agravada pelas elevadas taxas de desemprego, nomeadamente entre os jovens e as pessoas pouco qualificadas. Segundo Yves Jouffe e Jean-Marie Zembri (2013, p. 211), "as mutações económicas e industriais conduziram à desindustrialização dos centros urbanos mais antigos, agravando os problemas de desemprego e de precariedade". Certos bairros históricos são muitas vezes estigmatizados e percepcionados como zonas de relegação, reforçando os processos de segregação e exclusão. Como salienta Jacques Donzelot (2006, p. 67), "os bairros antigos desfavorecidos são frequentemente marcados por uma concentração de dificuldades sociais e económicas, criando um círculo vicioso de empobrecimento e de degradação urbana".

Estes desafios sociais e económicos têm um impacto direto na qualidade de vida dos residentes e podem ameaçar a preservação do património urbano. Como observa Dominique Lorrain (2011, p. 145), "a degradação das condições de vida e a falta de perspectivas económicas podem levar a um êxodo de habitantes, o que conduz ao crescimento demográfico e ao abandono progressivo dos edifícios antigos, ameaçando a sobrevivência a longo prazo do património urbano". Para fazer face a estes desafios, muitas cidades mais antigas criaram estratégias de regeneração económica e de renovação urbana, destinadas a melhorar as condições de vida dos seus habitantes e a valorizar o seu património. No entanto, estas iniciativas devem ser levadas a cabo de forma equilibrada, evitando a gentrificação excessiva e envolvendo as populações locais na definição das prioridades de desenvolvimento (Françoise Navez-Bouchanine, 2002, p. 89). Os desafios sociais e económicos que as cidades mais antigas enfrentam exigem uma abordagem global e integrada, combinando acções para promover o emprego, a habitação, a educação e a coesão social, preservando simultaneamente a identidade cultural e patrimonial destas áreas urbanas únicas.

2.2 A cidade contemporânea: Manifestações da era moderna e impactos crescentes

Como contraponto aos bairros históricos, a cidade contemporânea está a emergir como uma manifestação tangível da era moderna. Os arranha-céus imponentes, as vias de comunicação fluidas e os espaços públicos redesenhados testemunham a crescente influência do homem no seu ambiente urbano. Esta nova realidade, impulsionada pelos avanços tecnológicos e pelas tendências sociais emergentes, está a influenciar os estilos de vida, os padrões de deslocação e as interacções sociais na cidade. O impacto da modernidade também pode ser visto nos desafios que enfrentamos em termos de questões ambientais, nos desafios da sustentabilidade e na dinâmica da gentrificação que está inexoravelmente a transformar a paisagem urbana contemporânea.

2.2.1 Edifícios modernos e infra-estruturas de ponta: Emblemas de modernidade e progresso

As cidades contemporâneas caracterizam-se pela sua paisagem urbana em constante mutação, marcada pelo surgimento de edifícios modernos e infra-estruturas de última geração, emblemáticas da modernidade e do progresso. De acordo com Cynthia Ghorra-Gobin (2015, p. 172), "os arranha-céus, as torres de escritórios e os complexos imobiliários de alta tecnologia tornaram-se os novos símbolos do poder económico e da influência internacional das cidades". Estes edifícios modernos, muitas vezes concebidos por arquitectos de renome, encarnam o desejo das cidades de atrair investimentos e de se posicionarem como actores-chave da globalização. Para além da sua dimensão simbólica, estes edifícios respondem também a necessidades funcionais ligadas ao crescimento das actividades económicas e à evolução dos modos de vida urbanos. Como salienta Dominique Lorrain (2011, p. 203), "a última geração de edifícios de escritórios oferece espaços de trabalho flexíveis e inovadores, adaptados às exigências das empresas modernas e dos trabalhadores móveis". Ao mesmo tempo, as cidades de hoje estão equipadas com infra-estruturas de transportes e comunicações de ponta, como redes de transportes públicos eficientes, aeroportos internacionais e redes de fibra ótica de alta velocidade. Segundo Marie-Christine Fourny e Marie-Flore Mattei (2010, p. 114), "estas infra-estruturas são essenciais para facilitar a mobilidade das pessoas, dos bens e da informação, e para reforçar a competitividade e a atratividade das cidades". No entanto, estes desenvolvimentos urbanos não estão isentos de críticas e questionamentos. Há quem critique a estandardização das paisagens urbanas e a perda de identidade local provocada pela proliferação de edifícios estandardizados. Como salienta François Ascher (2008, p. 145), "a corrida à modernidade arquitetónica pode conduzir a uma certa banalização das formas urbanas, apagando as especificidades culturais e históricas das cidades". Além disso, estes projectos ambiciosos levantam frequentemente questões ambientais e sociais, como o impacto sobre os recursos naturais, a gentrificação e a deslocação das populações. De acordo com Jacques Lévy (2008, p. 198), "os grandes projectos urbanos devem ser concebidos numa perspetiva de desenvolvimento sustentável, tendo em conta o seu impacto no ambiente, na mistura social e na qualidade de vida dos habitantes". Os edifícios modernos e as infra-estruturas de ponta, embora representem símbolos de modernidade e progresso, levantam questões cruciais sobre a sua integração harmoniosa no tecido urbano existente, a sua sustentabilidade ambiental e a sua capacidade de satisfazer as necessidades de toda a população urbana.

2.2.2Impactos sociais e culturais: Alterações nos estilos de vida e nos valores sociais

Para além das transformações físicas e arquitetónicas, o advento das cidades contemporâneas trouxe profundas alterações nos estilos de vida e nos valores societais. Estes impactos sociais e culturais reflectem as profundas alterações ocorridas na nossa sociedade. induzidas pela globalização e pela emergência de novas dinâmicas urbanas.Segundo Cynthia Ghorra-Gobin (2015, p. 207), "as cidades contemporâneas tornaram-se espaços de consumo e lazer, moldando novas aspirações e estilos de vida". Esta evolução pode ser observada na proliferação de centros comerciais, complexos de entretenimento e áreas de lazer, respondendo às expetativas de uma população urbana em busca de novos modos de consumo e entretenimento.

Ao mesmo tempo, as mudanças económicas e tecnológicas deram origem a novas formas de organização do trabalho e de gestão do tempo. Como refere François Ascher (2008, p. 175), "as cidades contemporâneas são marcadas por uma aceleração do ritmo de vida, uma maior flexibilidade dos horários de trabalho e uma fragmentação do tempo social".

Estas mudanças têm tido um impacto nos valores e comportamentos sociais, pondo em causa os modelos tradicionais da vida urbana. Segundo Jacques Lévy (2008, p. 231), "as cidades contemporâneas são palco de uma crescente individualização dos estilos de vida, de um questionamento das estruturas familiares tradicionais e de uma diversificação das formas de vida".

Neste contexto, os espaços públicos urbanos sofreram uma redefinição dos seus usos e significados. Como nota Dominique Lorrain (2011, p. 265), "as praças, os parques e as ruas tornaram-se lugares de encontro, de expressão cultural e de manifestações sociais, reflectindo a diversidade das identidades e das práticas urbanas".

No entanto, estas transformações sociais e culturais não estão isentas de tensões e desafios. Alguns autores sublinham os riscos de fragmentação social, de perda de identidade e de desenraizamento cultural gerados por estas mudanças rápidas. Como salienta Françoise Navez-Bouchanine (2002, p. 124), "as cidades contemporâneas devem enfrentar o desafio de preservar a sua identidade e coesão social face às forças homogeneizadoras da globalização". Os impactos sociais e culturais das cidades contemporâneas testemunham a complexidade das dinâmicas urbanas actuais, exigindo uma reflexão aprofundada sobre a forma de conciliar as aspirações individuais e colectivas e de preservar as identidades locais, ao mesmo tempo que se aceitam as mudanças provocadas pela globalização.

3. A GLOBALIZAÇÃO URBANA E O SEU IMPACTO NA DUALIDADE ESPACIAL: OPORTUNIDADES E DESAFIOS QUE SE CRUZAM

A globalização, fenómeno incontornável da nossa época, influencia profundamente a dualidade espacial que caracteriza as cidades contemporâneas. Por um lado, abre novas oportunidades ao facilitar as trocas culturais, económicas e sociais à escala planetária. Por outro lado, a globalização coloca grandes desafios, nomeadamente em termos de integração, de coesão social e de preservação das identidades locais face à homogeneização. Esta tensão entre abertura e enraizamento é visível no planeamento urbano, onde espaços modernos estandardizados coexistem com bairros patrimoniais únicos. A globalização urbana põe em evidência as questões complexas que envolvem a coexistência harmoniosa de diferentes temporalidades e múltiplas facetas culturais numa única cidade.

3.1 Os desafios crescentes que as cidades mais antigas enfrentam no contexto da globalização

As cidades antigas, com o seu património secular, enfrentam grandes desafios no mundo globalizado de hoje. Em primeiro lugar, a pressão demográfica e o afluxo de pessoas de origens diversas estão a exercer uma pressão sobre as infra-estruturas históricas, que muitas vezes não estão adaptadas às necessidades contemporâneas. Em segundo lugar, a preservação da autenticidade arquitetónica e da integridade dos bairros antigos é um desafio constante, face às forças da modernização e do desenvolvimento urbano. Em terceiro lugar, o equilíbrio entre a valorização do património e o desenvolvimento económico sustentável é delicado, exigindo uma gestão cuidadosa dos recursos e do investimento. Por último, a gentrificação desenfreada ameaça a identidade sociocultural destes bairros, podendo conduzir a uma perda de diversidade e a uma erosão do tecido social tradicional. Face a estes desafios complexos, as cidades mais antigas têm de repensar as suas estratégias de conservação, revitalização e integração, a fim de preservar o seu rico património e, ao mesmo tempo, adaptar-se às realidades da globalização.

3.1.1 Marginalização e exclusão social e económica: riscos de perda de identidade e de património

No contexto da globalização urbana, as cidades mais antigas enfrentam grandes desafios ligados à marginalização e à exclusão social e económica de certas populações. Segundo François Ascher (2008, p. 211), "os processos de relegação espacial e de segregação socioeconómica intensificaram-se em muitas cidades mais antigas, conduzindo a uma maior fragmentação do espaço urbano". Esta dinâmica conduziu frequentemente à formação de bairros desfavorecidos, concentrando populações precárias com dificuldades de acesso à habitação, ao emprego e aos serviços essenciais. Esta marginalização tem um impacto profundo no tecido social e cultural das cidades mais antigas. Como salienta Dominique Lorrain (2011, p. 287), "a exclusão socioespacial gera um sentimento de alienação e de desenraizamento nas populações marginalizadas, ameaçando o seu sentimento de pertença e a sua ligação ao património urbano".Com efeito, quando as populações locais são confrontadas com condições de vida precárias e falta de oportunidades, a sua capacidade de valorizar e transmitir o seu património cultural e patrimonial fica seriamente comprometida. Como refere Françoise Navez-Bouchanine (2002, p. 157), "a pobreza e a exclusão podem levar a uma perda gradual do saber-fazer tradicional, das práticas culturais e dos estilos de vida associados ao património urbano antigo". De acordo com Jacques Donzelot (2006, p. 98), "a especulação imobiliária e a renovação urbana mal gerida podem levar à destruição ou à deterioração de edifícios patrimoniais, apagando os vestígios da história e da identidade da zona". Perante estes desafios, muitas cidades criaram estratégias para revitalizar e regenerar os bairros mais antigos, com o objetivo de combater a marginalização e preservar o património da cidade. património urbano. No entanto, como salientam Jean-Claude Driant e Meriem Chabou (2015, p. 174), "estas intervenções devem ser efectuadas de forma inclusiva, envolvendo as populações locais e tendo o cuidado de evitar processos de gentrificação excessivos que possam levar ao desenraizamento das comunidades históricas". A luta contra a marginalização e a exclusão social e económica é, portanto, crucial para garantir a continuidade da identidade e do património das cidades antigas, assegurando a transmissão desta riqueza cultural às gerações futuras e preservando a ligação profunda entre a população local e o seu ambiente construído.

3.1.2 A erosão da identidade e do património urbano: Tensões entre preservação e desenvolvimento

No contexto da globalização urbana, as cidades antigas enfrentam um grande desafio: preservar a sua identidade e o seu património cultural. património cultural e, ao mesmo tempo, responder aos imperativos do desenvolvimento económico e da modernização. Esta tensão entre a preservação do passado e a adaptação às novas realidades contemporâneas é uma grande fonte de preocupação para muitos especialistas em planeamento urbano e sociologia urbana. Segundo Marie-Claude Smouts (2007, p. 23), "as cidades antigas enfrentam uma verdadeira erosão da sua identidade e do seu património construído, sob a pressão das forças económicas e da lógica do desenvolvimento urbano". These forces, fuelled by globalisation, can lead to the destruction or radical transformation of radical transformation de sítios históricos, de edifícios históricos e bairros tradicionais em favor de novos empreendimentos habitacionais, de infra-estruturas modernas ou de actividades económicas mais rentáveis. Esta erosão da identidade urbana levanta uma série de questões culturais e sociais. Como salienta Françoise Choay (1992, p. 159), "o património urbano é portador de valores identitários, culturais e simbólicos essenciais à coesão social e ao sentimento de pertença das populações locais". O seu desaparecimento progressivo pode provocar um sentimento de perda, de desenraizamento e de enfraquecimento dos laços sociais no seio das comunidades afectadas. Por um lado, os promotores imobiliários, os investidores e algumas autoridades locais defendem uma modernização acelerada das cidades, considerando o património como um travão ao desenvolvimento económico. Por outro lado, as associações de defesa do património, os habitantes locais e alguns especialistas em planeamento urbano defendem uma preservação mais rigorosa das características históricas e da identidade (Rius, 2015, p. 87).

Face a estes desafios, foram propostas várias abordagens para conciliar a preservação do património e o desenvolvimento urbano. Alguns defendem a integração harmoniosa de elementos patrimoniais em projectos de renovação urbana, preservando simultaneamente a sua autenticidade (Bourdin, 2008, p. 212). Outros defendem uma abordagem mais radical, baseada na valorização e conversão de sítios históricos para fins culturais, turísticos ou económicos sustentáveis (Greffe, 2003, p. 97).

Seja como for, este número sublinha a necessidade de uma reflexão aprofundada sobre a gestão da identidade urbana num contexto de globalização acelerada, tendo em conta as múltiplas aspirações dos diferentes actores e procurando um equilíbrio entre a preservação do passado e a adaptação ao presente.

3.2 As oportunidades oferecidas às cidades contemporâneas no contexto da globalização urbana

A globalização urbana traz consigo a sua quota-parte de oportunidades promissoras para as cidades de hoje. Em primeiro lugar, a abertura aos fluxos internacionais de capital, talento e ideias estimula a inovação e o crescimento económico. As cidades estão a tornar-se pólos de atração para empresas multinacionais, trabalhadores qualificados e investimento estrangeiro.

Em segundo lugar, a interligação facilitada pelas novas tecnologias de comunicação e de transporte reforça os laços entre as metrópoles do mundo, promovendo os intercâmbios culturais e a influência na cena internacional. Além disso, a globalização promove uma maior diversidade e o enriquecimento mútuo das culturas urbanas, alimentando a criatividade e a realização das comunidades cosmopolitas.

Por último, os desafios ambientais comuns incentivam a colaboração e a partilha das melhores práticas de desenvolvimento sustentável entre cidades de todo o mundo. Ao aproveitarem estas oportunidades, as cidades de hoje podem posicionar-se como actores-chave na globalização e moldar o seu futuro de uma forma dinâmica e competitiva.

3.2.1 Inovação e desenvolvimento económico: atrair investimentos e actividades de elevado valor acrescentado

No contexto da globalização urbana, as cidades de hoje são confrontadas com uma necessidade sem precedentes de serem economicamente competitivas. Para se manterem atractivas e prósperas, têm de se posicionar como pólos de inovação. inovação e desenvolvimento com elevado valor acrescentado. Segundo François Ascher (1995, p. 119), "as cidades de hoje devem transformar-se em verdadeiras plataformas de inovação e de criação de riqueza, apoiando-se nas novas tecnologias, na investigação e no desenvolvimento, e atraindo as empresas e os talentos mais competitivos". Esta estratégia de desenvolvimento económico, baseada na inovação, é vista como uma garantia de sucesso num mundo globalizado onde a concorrência entre as metrópoles é cada vez mais feroz. Para tal, as cidades recorrem a diversas alavancas, como a criação de pólos de competitividade, de pólos industriais ou de zonas francas dedicadas a actividades de alta tecnologia. Investem igualmente em infra-estruturas de ponta, universidades e centros de investigação de renome, a fim de formar uma mão de obra altamente qualificada e atrair empresas inovadoras

(Veltz, 2005, p. 237).

Esta abordagem não é isenta de riscos, como salienta Saskia Sassen (2001, p. 87): "A corrida desenfreada à inovação e ao investimento estrangeiro pode aumentar as desigualdades socioeconómicas nas cidades e marginalizar as populações mais vulneráveis". No entanto, para muitos especialistas, continua a ser essencial assegurar a competitividade das cidades actuais na era da globalização.

Para além do aspeto puramente económico, esta estratégia de desenvolvimento através da inovação visa também reforçar a atratividade e a influência internacional das nossas cidades. Ao posicionarem-se como centros de excelência nos seguintes domínios Para além de atraírem investimentos, procuram também atrair talentos, turistas e eventos de nível mundial (Hamel e Brent Kato, 2010, p. 154). A globalização urbana oferece às cidades contemporâneas a oportunidade de se reinventarem como centros nevrálgicos de inovação e de criação de riqueza, desde que adoptem as estratégias adequadas para atrair investimentos e actividades de elevado valor acrescentado.

3.2.2 Atrair o investimento e o turismo: reforçar a imagem e o perfil internacional da região

No contexto da globalização urbana, a atração das cidades de hoje vai além da inovação e do desenvolvimento económico. Estas cidades procuram também aumentar a sua atratividade para o investimento direto estrangeiro (IDE) e o turismo internacional, dois motores fundamentais do seu crescimento e influência à escala mundial.

Segundo Michel Lussault (2007, p. 112), "as grandes metrópoles do mundo entraram numa verdadeira competição para atrair os fluxos de capitais, as sedes das empresas multinacionais e os visitantes estrangeiros". Isto implica estratégias de marketing urbano que visam promover uma imagem de marca distintiva, destacando os trunfos da cidade em termos de infra-estruturas, qualidade de vida e dinamismo cultural e económico.

Em termos de investimento, as cidades procuram criar um ambiente favorável às empresas estrangeiras, oferecendo condições fiscais vantajosas, parques empresariais especializados e uma mão de obra qualificada (Sassen, 2001, p. 167). Além disso, apostam na construção de grandes projectos urbanos emblemáticos, como torres de escritórios, centros comerciais, etc., e de equipamentos de ponta para projetar uma imagem de modernidade e prosperidade. Como salienta Jean-Pierre Lozato-Giotart (2008, p. 87), "o turismo urbano representa uma alavanca económica considerável, tanto em termos de efeitos financeiros directos e indirectos, como de influência internacional". As cidades expõem o seu património, a sua oferta cultural e os seus eventos emblemáticos, com o objetivo de atrair visitantes de todo o mundo. Alguns autores, como Sharon Zukin (1995, p. 23), alertam para os efeitos perversos desta "museificação" das cidades, que pode conduzir a uma uniformização das paisagens urbanas e a uma perda de autenticidade. Outros, como Saskia Sassen (2001, p. 201), chamam a atenção para as desigualdades sociais e espaciais que podem ser criadas pelo afluxo de investimentos e de turistas a certos bairros privilegiados. Apesar destes desafios, a corrida à atratividade continua a ser uma prioridade para muitas das cidades actuais, que pretendem reforçar a sua imagem e influência na cena internacional, num contexto de concorrência crescente entre as grandes cidades do mundo.

3.3 Tensões e contradições entre as duas cidades: Conflitos sobre recursos e identidades

Apesar dos benefícios da globalização, persistem tensões e contradições entre a velha e a nova cidade. Uma questão importante é a competição por recursos limitados, sejam eles terrenos, orçamentos públicos ou investimentos privados. Enquanto os bairros históricos exigem fundos para a sua preservação, as zonas urbanas modernas requerem investimentos maciços em infra-estruturas e projectos de desenvolvimento. Esta dicotomia conduz frequentemente a conflitos e a compromissos difíceis. Outro ponto de fricção é a questão da identidade. Os defensores do património lutam para preservar a autenticidade dos lugares emblemáticos, enquanto os promotores da modernidade aspiram a uma identidade urbana resolutamente orientada para o futuro. Face a estas tensões, é imperativo encontrar um equilíbrio delicado entre a preservação do passado e o desenvolvimento do presente, promovendo assim uma coexistência harmoniosa e uma sinergia frutuosa no espaço urbano.

3.3.1 O crescente fosso social e económico: Impacto na coesão social

Embora a globalização urbana ofereça oportunidades económicas e influência internacional às cidades de hoje, tem também efeitos perversos em termos de desigualdades sociais e de fragmentação da coesão social. O fosso cada vez maior entre as camadas mais ricas da população, que beneficiam dos efeitos da globalização, e os mais desfavorecidos, que são marginalizados por estas mudanças, é um grande desafio para muitas metrópoles.

Como salienta Manuel Castells (1999, p. 165), "a dualização da estrutura social urbana é uma caraterística marcante das cidades globais, onde uma classe de trabalhadores altamente qualificados se junta a uma franja crescente de trabalhadores pobres ou precários". Este fenómeno de dualização espacial e social gera numerosas tensões e riscos para a coesão das cidades. Como explica Jacques Donzelot (2004, p. 87), "a fragmentação urbana e os processos de relegação territorial favorecem o afastamento da comunidade, a emergência de discursos identitários e a desintegração dos laços sociais". Os bairros desfavorecidos tornam-se assim "guetos urbanos", onde se cristalizam os problemas do desemprego, da delinquência e da marginalização. Face a estes desafios, muitos investigadores apelam a uma maior sensibilização e a políticas públicas pró-activas para combater estas desigualdades crescentes. Segundo

François Ascher (1995, p. 211), "é imperativo promover um desenvolvimento urbano mais equilibrado, combinando crescimento económico e redistribuição da riqueza, a fim de preservar a coesão social e a qualidade de vida nas cidades". Entre as vias previstas estão o desenvolvimento de programas de renovação urbana e de mistura social, o investimento em infraestruturas e serviços públicos nos bairros desfavorecidos e a introdução de medidas de apoio ao emprego e ao empreendedorismo para as populações mais vulneráveis (Sachs, 2012, p. 145).Seja como for, esta questão sublinha a necessidade de uma reflexão aprofundada sobre os impactos sociais da globalização urbana e sobre as formas de conciliar o desenvolvimento económico com uma maior equidade e uma melhor integração de todas as componentes da sociedade.

3.3.2 Conflitos na utilização das terras e dos recursos: prioridades e necessidades concorrentes

A dualidade espacial que caracteriza muitas cidades na era da globalização não se limita apenas às dimensões sociais e económicas. Gera também tensões e conflitos sobre o uso do solo e dos recursos urbanos, evidenciando as contradições entre as prioridades de desenvolvimento das cidades antigas e contemporâneas. Como salienta David Harvey (2008, p. 32), "a pressão exercida sobre o solo pelos projectos de construção modernos e pelas actividades económicas entra frequentemente em conflito com a necessidade de preservar o património construído e os bairros históricos". Esta competição pelo espaço urbano reflecte a divergência de interesses entre os actores da cidade antiga, preocupados com a proteção do seu património cultural, e os da cidade contemporânea, centrados na modernização e no desenvolvimento económico.

No centro destas tensões está a questão crucial da gestão dos recursos fundiários e imobiliários. Em muitas cidades, os bairros históricos são cobiçados por promotores imobiliários e investidores, atraídos pelo seu potencial de desenvolvimento e gentrificação (Vivant, 2009, p. 67). Esta pressão especulativa ameaça não só o património arquitetónico, mas também o tecido social e económico tradicional destas zonas.

Ao mesmo tempo, a necessidade de infra-estruturas e equipamentos modernos, necessários ao desenvolvimento das cidades contemporâneas, entra frequentemente em conflito com a preservação de espaços naturais ou de áreas residenciais estabelecidas. Como observa Henri Lefebvre (1968, p. 112), "a lógica capitalista de produção do espaço urbano tende a consumir cada vez mais terra e recursos ambientais, em detrimento dos usos sociais e culturais da cidade". Confrontados com estas questões contraditórias, muitos municípios tentam encontrar um equilíbrio entre as diferentes prioridades de planeamento. Alguns, como salienta Françoise Choay (1992, p. 195), optam por uma abordagem "patrimonial" que visa proteger certos sectores históricos, permitindo ao mesmo tempo um desenvolvimento moderado noutras zonas. Outros, como explica Rem Koolhaas (1995, p. 67), exploram modelos urbanos mais radicais, em que a cidade antiga e a cidade contemporânea coexistem em justaposição, numa lógica de "colagem urbana".

4. ESTRATÉGIAS DE GESTÃO DA DUALIDADE ESPACIAL: PARA UMA INTEGRAÇÃO URBANA SUSTENTÁVEL

Perante os desafios e as oportunidades que a coexistência de diferentes épocas apresenta no espaço urbano, estão a surgir novas estratégias para gerir esta dualidade espacial de forma sustentável. O objetivo é conseguir uma integração harmoniosa das diferentes componentes da cidade, preservando a sua riqueza e autenticidade respectivas.

Para tal, é necessária uma abordagem abrangente e interdisciplinar, que combine os imperativos da conservação do património, do desenvolvimento económico sustentável, da inclusão social e da resiliência ambiental. Repensando os modelos de desenvolvimento, incentivando as sinergias entre o antigo e o novo e envolvendo todas as partes interessadas, é possível transformar os desafios em oportunidades.

O desafio consiste em criar cidades vibrantes, dinâmicas e acolhedoras, onde o passado e o presente se conjugam num equilíbrio frutuoso, proporcionando um quadro em que as comunidades urbanas actuais e futuras possam florescer.

4.1 Planeamento urbano integrado: Uma visão global para o futuro das cidades

O planeamento urbano integrado está a emergir como uma abordagem essencial para enfrentar os desafios da dualidade espacial. Esta visão global e interdisciplinar visa harmonizar as diferentes componentes da cidade, tendo em conta as suas interacções e interdependências. Implica abordar simultaneamente questões relacionadas com o património histórico, o desenvolvimento económico, a inclusão social e a sustentabilidade ambiental.

Este tipo de planeamento incentiva a participação ativa de todas as partes interessadas, desde as autoridades locais e os cidadãos até aos peritos e investidores privados. Graças a esta abordagem de colaboração, é possível desenvolver estratégias coerentes que valorizem as características únicas dos bairros antigos, facilitando simultaneamente a integração harmoniosa de projectos de desenvolvimento modernos.

O objetivo final é criar espaços urbanos funcionais que sejam atractivos e respeitem a identidade local, oferecendo um ambiente de vida de qualidade para as gerações presentes e futuras.

4.1.1 Preservação do património e da identidade: integração dos elementos patrimoniais no planeamento urbano

Perante as tensões e os riscos de erosão do património urbano no contexto da globalização, muitos especialistas defendem uma abordagem integrada do planeamento urbano, destinada a preservar os elementos de identidade e de história, permitindo simultaneamente um desenvolvimento harmonioso das cidades. Segundo Pierre Merlin e Françoise Choay (2015, p. 243), "a salvaguarda do património edificado e cultural deve ser considerada como uma componente essencial do desenvolvimento urbano sustentável". Esta abordagem implica a identificação e a proteção de locais, edifícios e bairros com um valor patrimonial significativo, integrando-os harmoniosamente em projectos de renovação e desenvolvimento urbano, o que requer uma colaboração estreita entre urbanistas, arquitectos, historiadores de arte e associações de património. Como salienta François Tomas (2004, p. 87), "a preservação do património não deve ser vista como um travão ao desenvolvimento, mas como uma oportunidade para reforçar a identidade e a singularidade da cidade, num contexto de concorrência crescente entre as metrópoles". Em termos práticos, isto pode assumir a forma de medidas regulamentares de proteção, como a classificação de certos edifícios ou bairros, bem como de incentivos financeiros e fiscais para encorajar a reabilitação e a valorização do património (Gravari-Barbas, 2005, p. 112). Os projectos de renovação urbana devem igualmente ser concebidos de forma a respeitar a integridade arquitetónica e o carácter histórico das zonas em causa. Para além da preservação física, esta abordagem integrada deve também ter em conta as dimensões intangíveis do património, como as tradições, as competências artesanais e as práticas culturais locais. Como observa Ismail Serageldin (1999, p. 23), "o património urbano não é apenas um conjunto de edifícios antigos, mas também um modo de vida, uma cultura e uma memória colectiva que devem ser transmitidos às gerações futuras".

Em suma, a integração do património no planeamento urbano é uma condição essencial para conciliar o desenvolvimento das cidades com a preservação da sua identidade e do seu património. a sua riqueza cultural, num contexto de globalização acelerada.

4.1.2 Desenvolvimento sustentável e inclusivo: ter em conta as dimensões ambiental, social e económica

Para responder aos desafios colocados pela dualidade espacial nas cidades numa era de globalização, é essencial adotar uma abordagem de planeamento urbano centrada no desenvolvimento sustentável e inclusivo. Esta visão holística visa conciliar os imperativos do crescimento económico com a proteção do ambiente e a promoção da coesão social.

Como salienta François Ascher (2008, p. 67), "o desenvolvimento urbano sustentável implica repensar radicalmente as formas de produção, consumo e organização das cidades, a fim de minimizar o seu impacto ambiental e garantir uma melhor qualidade de vida a todos os habitantes das cidades".

Em termos ambientais, trata-se de estratégias para reduzir a pegada ecológica das cidades, promovendo os transportes públicos, os edifícios energeticamente eficientes, a gestão sustentável dos recursos naturais (água, energia, resíduos) e a preservação dos espaços verdes (Emelianoff, 2007, p. 32). O objetivo é criar cidades mais resilientes face aos desafios das alterações climáticas e da crescente escassez de recursos.

A nível social, o desenvolvimento sustentável significa combater a desigualdade e a fragmentação urbana, promovendo uma melhor integração das populações desfavorecidas e uma maior diversidade social. Isto pode assumir a forma de programas de habitação a preços acessíveis, regeneração de bairros desfavorecidos, melhoria dos serviços públicos e acesso ao emprego para todos (Sachs, 2012, p. 156). Por último, em termos económicos, o objetivo é incentivar um crescimento sustentável que respeite o ambiente, promovendo actividades com um impacto ecológico reduzido, a economia circular e o investimento em tecnologias verdes (Camagni, 1998, p. 107). Esta abordagem holística exige uma governação participativa, que envolva todos os actores interessados (poderes públicos, empresas, sociedade civil) na elaboração e aplicação das políticas urbanas. Deve igualmente ter em conta as especificidades locais e as necessidades diferenciadas da população, a fim de assegurar uma verdadeira inclusão e apropriação dos projectos pelos habitantes das cidades. Embora de aplicação complexa, esta visão de desenvolvimento urbano sustentável e inclusivo parece essencial para responder aos desafios colocados pela dualidade espacial nas cidades do mundo, promovendo um crescimento económico que respeite o ambiente e a coesão social.

4.2 Participação comunitária e boa governação: Bases para um planeamento bem sucedido

Um planeamento urbano bem sucedido, capaz de responder aos desafios da dualidade espacial, assenta em bases sólidas de participação comunitária e boa governação.

A participação ativa dos cidadãos, desde as primeiras fases do processo, é crucial para garantir que os projectos de desenvolvimento satisfazem as necessidades e aspirações reais das populações locais. Esta abordagem inclusiva permite ter em conta perspectivas diversas, preservar as identidades culturais e promover a apropriação colectiva das transformações urbanas. Uma governação transparente e responsável, baseada em princípios democráticos, é essencial para garantir a gestão equitativa dos recursos e dos investimentos. Promove a confiança mútua entre as autoridades, o sector privado e a sociedade civil, criando um clima propício a parcerias frutuosas. Ao favorecer o diálogo e a sinergia entre todos os actores envolvidos, a participação comunitária e a boa governação lançam as bases de um planeamento urbano sustentável, capaz de conciliar harmoniosamente as exigências do presente com as heranças do passado.

4.2.1 Envolver todas as partes interessadas: Representação de diferentes grupos e interesses

Para responder aos desafios colocados pela dualidade espacial nas cidades na era da globalização, é essencial adotar uma abordagem participativa e inclusiva da governação urbana, envolvendo todas as partes interessadas relevantes. Esta abordagem visa assegurar uma representação equitativa dos diferentes grupos de interesses e a tomada em consideração das suas aspirações no desenvolvimento de políticas e projectos urbanos.

Como salienta Patrick Le Galès (2003, p. 112), "a cidade é um espaço de coabitação e de negociação entre uma multiplicidade de actores com interesses por vezes divergentes: poderes públicos, empresas, associações, habitantes, etc. Uma governação eficaz implica a participação de todos no processo de decisão".
Uma governação eficaz implica a participação de todos no processo de decisão".
Esta abordagem participativa tem várias vantagens. Em primeiro lugar, permite integrar os conhecimentos e as competências de cada grupo, enriquecendo assim a reflexão sobre questões urbanas complexas (Healey, 1997, p. 201). Em segundo lugar, encoraja a apropriação dos projectos pelas várias partes interessadas, reduzindo o risco de conflitos e disputas subsequentes. É necessário assegurar uma representação equitativa dos diferentes grupos,

incluindo as populações mais vulneráveis ou marginalizadas, que estão frequentemente sub-representadas nos processos de decisão (Bacqué e Gauthier, 2011, p. 45). É igualmente crucial criar mecanismos de consulta transparentes e inclusivos que permitam um verdadeiro diálogo e a consideração de diferentes pontos de vista. As ferramentas utilizadas incluem workshops de construção conjunta, consultas públicas, comités de bairro e plataformas de participação dos cidadãos em linha. Estes mecanismos devem ser adaptados às realidades locais e às especificidades das populações em causa (Sintomer et al., 2008, p. 87). Em última análise, o envolvimento de todos os intervenientes na governação urbana parece ser uma condição essencial para conciliar os diferentes interesses em jogo e desenvolver políticas urbanas sustentáveis que sejam aceites por todos, promovendo assim uma melhor integração da dualidade espacial nas cidades globalizadas.

4.2.2 Transparência e responsabilidade: garantir a equidade e a eficácia do processo de decisão

Para além do envolvimento das diferentes partes interessadas, uma governação urbana eficaz e legítima para responder aos desafios da dualidade espacial deve também basear-se nos princípios fundamentais da transparência e da responsabilidade. Estes princípios são essenciais para garantir a equidade, a responsabilidade e a confiança mútua no processo de decisão. Segundo Patrick Le Galès (2011, p. 57), "a transparência e a responsabilidade são condições sine qua non para uma gestão democrática e aberta dos assuntos urbanos". Isto significa tornar públicas e acessíveis todas as informações pertinentes sobre os projectos urbanos, os processos de decisão e a utilização dos recursos públicos.

A transparência permite assim que os cidadãos controlem as acções das autoridades locais e dos outros actores envolvidos, reduzindo os riscos de corrupção, de conflitos de interesses ou de decisões opacas que favorecem certos grupos em detrimento de outros (Bingham et al., 2005, p. 548). Reforça a credibilidade e a legitimidade do processo de governação aos olhos da população. A responsabilização, por seu lado, implica que os dirigentes políticos e administrativos sejam responsabilizados pelas suas decisões e acções e possam ser punidos em caso de falhas ou abusos. Como salienta Yves Cabannes (2004, p. 32), "a responsabilização é um elemento-chave para dar poder aos cidadãos e permitir-lhes ter uma influência real nas escolhas que os afectam".

Estes princípios podem ser implementados através de várias medidas concretas, como a publicação regular de relatórios detalhados sobre projetos urbanos, a realização de audiências públicas, o estabelecimento de mecanismos de reclamação e recurso e a criação de órgãos independentes de monitorização e avaliação (Papadopoulos, 2007, p. 475).No entanto, a transparência e a responsabilização não são objetivos fáceis de alcançar num contexto urbano complexo, onde estão em jogo múltiplos interesses. Exigem um esforço constante por parte de todos os intervenientes, bem como um enquadramento e um quadro institucional que garantam a sua efectiva implementação (Piolatto e Lefebvre, 2016, p. 101). Em última análise, estes princípios parecem ser condições essenciais para uma governação urbana equitativa e eficaz que respeite os diferentes grupos e interesses envolvidos, permitindo assim enfrentar os desafios colocados pela dualidade espacial nas cidades na era da globalização.

4.3 Integrar o passado e o presente: uma abordagem equilibrada do desenvolvimento urbano

No centro dos esforços para gerir a dualidade espacial das cidades está a necessidade de adotar uma abordagem equilibrada do desenvolvimento urbano, integrando judiciosamente o passado e o presente. Isto implica a valorização e preservação do rico património histórico, ao mesmo tempo que se abraçam as oportunidades oferecidas pela modernidade.

Os bairros mais antigos, que testemunham a identidade local, devem ser revitalizados e restaurados com cuidado, preservando a sua autenticidade arquitetónica e o seu carácter único. Ao mesmo tempo, os projectos de desenvolvimento contemporâneo devem integrar-se harmoniosamente na paisagem existente, respeitando a escala e o carácter da zona.

A inovação arquitetónica pode coexistir com a conservação do património, criando espaços urbanos dinâmicos onde a tradição e a modernidade são habilmente combinadas. Esta integração criteriosa exige uma análise aprofundada das utilizações, dos materiais e dos estilos, para garantir a coerência visual e funcional.

Ao adotar esta abordagem equilibrada, as cidades podem tirar o máximo partido dos seus activos históricos e contemporâneos, oferecendo um ambiente de vida rico e estimulante a todos os seus residentes.

4.3.1 Combinar património e modernidade: Tirar o máximo partido do potencial de cada um

No contexto da dualidade espacial que caracteriza muitas cidades na era da globalização, um dos maiores desafios é conciliar a preservação do património histórico e cultural com os imperativos do desenvolvimento urbano e da modernização. Longe de serem incompatíveis, estas duas dimensões podem, de facto, apoiar-se mutuamente, desde que seja adoptada uma abordagem integrada para aproveitar as respectivas potencialidades do património e da modernidade.

Como salienta Françoise Choay (1992, p. 159), "o património urbano não é um obstáculo ao desenvolvimento, mas sim um trunfo a valorizar tendo em vista o desenvolvimento sustentável e a qualidade de vida dos habitantes das cidades".

De facto, os bairros históricos, os edifícios emblemáticos e as tradições locais são bens inestimáveis para a atração turística e a identidade cultural das cidades.

No entanto, como refere Rem Koolhaas (1995, p. 67), "a cidade contemporânea não pode contentar-se em refletir sobre o seu passado, sob pena de se tornar esclerótica". Esta combinação de património e modernidade pode assumir muitas formas, desde a renovação respeitosa de edifícios antigos até à sua integração arrojada em complexos urbanos contemporâneos. Algumas cidades, como Barcelona e Bilbau, conseguiram tirar o máximo partido do seu património histórico e, ao mesmo tempo, acolher criações arquitectónicas de vanguarda, criando uma sinergia estimulante entre o passado e o futuro (Ingallina, 2008, p. 112).Para além do aspeto físico, esta abordagem integrada deve também ter em conta as dimensões intangíveis do património, como as competências tradicionais, as práticas culturais e os estilos de vida locais. Como recomenda a UNESCO (2011, p. 23), "a salvaguarda do património vivo deve ser acompanhada pela sua valorização e adaptação criativa às realidades contemporâneas". Desta forma, podem ser desenvolvidas novas actividades económicas ou turísticas em torno destes elementos do património imaterial, oferecendo oportunidades de emprego e desenvolvimento sustentável para as populações locais (Greffe, 2003, p. 87). Em última análise, a combinação de património e modernidade em projectos urbanos é uma forma promissora de responder aos desafios da dualidade espacial, aproveitando ao máximo as riquezas do passado e abraçando o potencial do presente e do futuro.

4.3.2 Tirar partido da tecnologia e da inovação: aplicações modernas para soluções sustentáveis

Na procura de soluções sustentáveis para os desafios colocados pela dualidade espacial das cidades na era da globalização, a exploração das tecnologias modernas e da inovação desempenha um papel crucial. Longe de constituir uma ameaça à preservação do património urbano, estes avanços tecnológicos podem, pelo contrário, oferecer oportunidades sem precedentes para combinar harmoniosamente o património histórico e o desenvolvimento contemporâneo. Como salienta François Tomas (2004, p. 214), "as novas tecnologias da informação e da comunicação (NTIC) abrem novos horizontes para a promoção e a interpretação do património urbano". Graças à realidade aumentada, à modelação 3D e às aplicações móveis, é agora possível dar vida aos sítios históricos virtualmente, restaurar o seu contexto original e oferecer aos visitantes visitas imersivas. Estas ferramentas digitais inovadoras tornam o património mais acessível e compreensível para o público em geral, preservando simultaneamente a sua integridade material (Gurriari, 2010, p. 67). Podem também desempenhar um papel fundamental na documentação e conservação digital de vestígios arquitectónicos e urbanos ameaçados. Para além de valorizarem o nosso património, as tecnologias modernas também oferecem soluções inovadoras para os desafios ambientais e sociais que as cidades enfrentam. Por exemplo, os sistemas inteligentes de gestão dos recursos (água, energia e resíduos) permitem otimizar a sua utilização e reduzir a pegada ecológica das zonas urbanas (Caragliu et al., 2011, p. 54). Do mesmo modo, as plataformas digitais para a participação dos cidadãos ou para a comunicação de problemas urbanos promovem uma governação mais aberta e inclusiva, envolvendo diretamente os residentes na gestão da sua cidade (Neirotti et al., 2014, p. 32). No entanto, a exploração destas tecnologias não deve ser feita à custa do património autêntico e da identidade local. Como Sharon Zukin (1995, p. 23) adverte, "a tecnologia não deve ser um pretexto para padronizar e distorcer as especificidades culturais das cidades". É, pois, fundamental adotar uma abordagem equilibrada, integrando as inovações tecnológicas de forma respeitosa e adaptada aos contextos locais, em concertação com as populações envolvidas.Em última análise, a utilização criteriosa da tecnologia e da inovação afigura-se como uma alavanca promissora para responder aos desafios da dualidade espacial nas cidades globalizadas, ao permitir conjugar a preservação do património, o desenvolvimento sustentável e a melhoria da qualidade de vida urbana.

CONCLUSÃO

A dualidade espacial que caracteriza muitas cidades na era da globalização coloca desafios complexos e multidimensionais. Os fortes contrastes entre as cidades antigas, ricas em património histórico, e as cidades contemporâneas, que encarnam a modernidade e o desenvolvimento económico, dão origem a profundas tensões sociais, ambientais e culturais. Por um lado, os bairros históricos correm o risco de perder a sua identidade e o seu património sob a pressão da globalização e do desenvolvimento urbano. Face a estes desafios contraditórios, é essencial adotar uma abordagem global e integrada do planeamento urbano, tendo em conta as múltiplas dimensões do desenvolvimento sustentável. Isto significa preservar o património e a identidade das cidades mais antigas, permitindo simultaneamente uma modernização respeitosa e equilibrada que promova a inovação e a influência internacional. Esta visão holística exige o envolvimento de todas as partes interessadas, com uma governação participativa, transparente e responsável. Deve também basear-se numa combinação harmoniosa de património e modernidade, tirando partido das respectivas potencialidades de cada um, graças, em particular, à utilização judiciosa das tecnologias modernas. Embora de aplicação complexa, esta abordagem parece essencial para responder aos desafios colocados pela dualidade espacial urbana e conciliar as aspirações, por vezes contraditórias, de diferentes grupos sociais e territórios. Oferece a perspetiva de um desenvolvimento urbano sustentável e inclusivo que respeita a identidade cultural das cidades num contexto de globalização acelerada. Em última análise, a gestão desta dualidade espacial parece ser um desafio importante para o futuro das metrópoles do mundo, que são chamadas a combinar harmoniosamente o seu rico património histórico com os imperativos do desenvolvimento económico e social contemporâneo.

BIBLIOGRAFIA

Ascher, F. (1995). Métapolis ou o futuro das cidades. Odile Jacob, França.

Ascher, F. (2008). Les nouveaux principes de l'urbanisme. Éditions de l'Aube, França.

Bacqué, M.-H. e Gauthier, M. (2011). "Participação, planeamento urbano e estudos urbanos". Participations, 1(1), França. p. 45.

Béal, V., Rousseau, M. e Vignon, S. (2018). Cidade património mundial e desenvolvimento sustentável. Éditions Le Manuscrit, França. p. 11.

Bingham, L.B., Nabatchi, T. e O'Leary, R. (2005). "A Nova Governação: Practices and Processes for Stakeholder and Citizen.

Participation in the Work of Government". Public Administration Review, 65(5), U.S.A. p. 548.

Bourdin, A. (2008). Urbanisme et quartiers anciens. Presses universitaires de France, França. p. 212.

Cabannes, Y. (2004). "Desafios municipais para o desenvolvimento sustentável". Cahiers des Amériques latines, 45(1), França. p. 32.

Camagni, R. (1998). "Desenvolvimento Urbano Sustentável: Definition and Reasons for a Research Programme". International Journal of Environment and Pollution, 10(1), Países Baixos. p. 107.

Caragliu, A., Del Bo, C. e Nijkamp, P. (2011). "Cidades inteligentes na Europa". Journal of Urban Technology, 18(2), Reino Unido. p. 54.

Castells, M. (1998). La société en réseaux. Fayard, França. p. 379. Castells, M. (1999). O poder da identidade. Fayard, França. p. 165.

Choay, F. (1992). L'allégorie du patrimoine. Seuil, França. p. 159, 195.

Djament-Tran, G. e Fagnoni, E. (2015). "Metropolisações e património". Métropoles, 16, França. p. 8.

Donzelot, J. (2004). "La ville à trois vitesses : relégation, périurbanisation, gentrification". Esprit, 303(3/4), França. p. 87. Donzelot, J. (2006). Quand la ville se défait. Quelle politique face à la crise des banlieues? Seuil, França. p. 67, 98.

Driant, J.-C. e Chabou, M. (2015). Património e desenvolvimento sustentável. Une passion réciproque? L'Harmattan, França. p. 127, 174.

Emelianoff, C. (2007). "La ville durable: l'hypothèse d'un tournant urbanistique en Europe". L'Information géographique, 71(3), França. p. 32.

Fourny, M.-C. (2008). Ville mondiale. Presses universitaires de France, França. p. 12, 37.

Fourny, M.-C. e Mattei, M.-F. (2010). A economia urbana e a nova economia. Ellipses, França. p. 67, 114.

Ghorra-Gobin, C. (2015). A metropolização em questão. Armand Colin, França. p. 8, 42, 92, 125, 172, 207.

Gravari-Barbas, M. (2005). Habiter le patrimoine : Enjeux, approches, vécu. Presses universitaires de Rennes, França. p. 112. Gravari-Barbas, M. e Veschambre, V. (2005). "S'inscrire dans le patrimoine mondial". in Bourdin A., Hirschhorn M. et al, Les nouveaux défis de la géographie culturelle. Anthropos, França.

Greffe, X. (2003). La valorisation économique du patrimoine. La Documentation française, França. p. 87, 97.

Gurriari, L. (2010). "Valorização virtual do património: novos dispositivos, novos comportamentos". Les Cahiers de la SFSIC, 4, França. p. 67.

Hamel, P. e Brent Kato, P. (2010). American entrepreneurial cities. Presses de l'Université du Québec, Canadá. p. 154.

Harvey, D. (2008). "The Right to the City" [O direito à cidade]. New Left Review, 53, Reino Unido. p. 32.

Healey, P. (1997). Collaborative Planning: Shaping Places in Fragmented Societies. Macmillan, Reino Unido. p. 201.

Ingallina, P. (2008). Le projet urbain. Presses universitaires de France, França. p. 112.

Jouffe, Y. e Zembri, P. (2013). Geografia dos transportes. De l'émergence aux mutations. Armand Colin, França. p. 211.

Koolhaas, R. (1995). S,M,L,XL. The Monacelli Press, Estados Unidos. p. 67.

Le Galès, P. (2003). Le retour des villes européennes. Presses de Sciences Po, França. p. 112.

Le Galès, P. (2011). Le Retour des villes européennes (2ª edição). Presses de Sciences Po, França. p. 57.

Lefebvre, H. (1968). Le droit à la ville. Anthropos, França. p. 112. Lévy, J. (2008). L'invention du monde: une géographie de la mondialisation. Sciences Humaines, França. p. 68, 112, 198, 231. Lorrain, D. (2011). La main discrète. La Découverte, França. p. 23, 145, 203, 265, 287.

Lozato-Giotart, J.-P. (2008). Géographie du tourisme. Pearson Education, França. p. 87.

Lussault, M. (2007). L'homme spatial. Seuil, França. p. 112.

Ma Mung, E. (2009). "O bairro do Bronx de Nova Iorque em todos os seus estados". Géographie et cultures, 70, França. p. 32.

Merlin, P. (2010). L'urbanisme. Presses universitaires de France, França. p. 231.

Merlin, P. e Choay, F. (2015). Dictionnaire de l'urbanisme et de l'aménagement (4ª edição). Presses universitaires de France, França. p. 243.

Miret, N. (2018). "Cidades e migração: uma equação complexa". Hommes & Migrations, 1321(2), França. p. 112.

Navez-Bouchanine, F. (2002). La fragmentation en question. L'Harmattan, França. p. 42, 89, 124, 157.

Neirotti, P., De Marco, A., Cagliano, A.C., Mangano, G. e Scorrano, F. (2014). "Tendências actuais das iniciativas Smart City: Some stylised facts". Cidades, 38, Reino Unido. p. 32.

Papadopoulos, Y. (2007). "Problemas de 'governação' e 'democracia deliberativa'". Revista Europeia de Ciências Sociais, 45(136), Suíça. p. 475.

ÍNDICE DE CONTEÚDOS